INTERIOR
DECORATION
DESIGN

室内装饰设计与软装速查

吊顶

李江军 编

中国电力出版社
www.cepp.sgcc.com.cn

内容提要

本系列图书包含《客厅》《吊顶》《背景墙》《细部设计》四册。每本书包括室内装饰设计与软装搭配的知识要点解析和 600 余例设计案例解析，内容丰富，实用性强。书中对这些代表着当今前沿设计水平的作品分别做了讲解分析，可以帮助读者快速掌握室内装饰设计方法和技巧。

图书在版编目（CIP）数据

室内装饰设计与软装速查. 吊顶 / 李江军编. —北京：中国电力出版社，2018.2
ISBN 978-7-5198-1617-9

Ⅰ. ①室… Ⅱ. ①李… Ⅲ. ①顶棚-室内装饰设计-手册 Ⅳ. ①TU238.2-62

中国版本图书馆CIP数据核字（2017）第325833号

出版发行：中国电力出版社
地　　址：北京市东城区北京站西街19号（邮政编码100005）
网　　址：http://www.cepp.sgcc.com.cn
责任编辑：曹　巍
责任校对：闫秀英
装帧设计：弘承阳光
责任印制：杨晓东

印　　刷：北京盛通印刷股份有限公司
版　　次：2018年2月第一版
印　　次：2018年2月北京第一次印刷
开　　本：710毫米×1000毫米　12开本
印　　张：11
字　　数：230千字
定　　价：49.80元

版 权 专 有　侵 权 必 究

本书如有印装质量问题，我社发行部负责退换

目 录
CONTENTS

吊顶设计与软装搭配 / 要点解析

吊顶常用装饰材料 6
- 木龙骨 6
- 轻钢龙骨 7
- 石膏板 8
- 石膏线 9
- 石膏浮雕 10
- 木线条 11

吊顶设计重点 12
- 吊顶的装饰作用 12
- 吊顶的装修流程 13
- 吊顶的设计色彩 14

吊顶设计形式 15
- 平面吊顶 15
- 局部吊顶 16
- 穹形吊顶 16
- 迭级吊顶 17
- 异形吊顶 18

- 混搭吊顶 19

吊顶设计风格 20
- 中式风格吊顶 20
- 简约风格吊顶 21
- 欧式风格吊顶 23
- 混搭风格吊顶 24
- 美式风格吊顶 25

吊顶灯饰照明 26
- 吊顶的间接照明 26
- 吊灯的装饰作用 27
- 吊灯的常见分类 29
- 吊灯的风格搭配 31
- 吊灯的常见材质 33
- 吊灯的固定方式 36
- 筒灯搭配要点 37
- 吸顶灯搭配要点 38

吊顶设计与软装搭配 案例解析

玄关吊顶 40
- 小户型玄关 吊顶设计的要点 41
- 大户型玄关 吊顶设计的要点 43

客厅吊顶 44
- 客厅吊顶装饰前的准备工作 45
- 利用吊顶设计弱化横梁的压抑感 47
- 一级吊顶与二级吊顶的特点 49
- 客厅吊顶木质材料应注意防火 51
- 吊顶装修应合理设置检修孔 53
- 吊顶装修选择木线条还是石膏线条 55
- 面积较小的客厅吊顶设计 57
- 层高过低的客厅吊顶设计 59
- 吊顶中的隐藏式照明设计 61
- 客厅出现横梁多且深的设计方案 63
- 利用客厅吊顶隐藏中央空调 65
- 客厅安装中央空调的风口高度 67
- 客厅水晶吊灯的选择要点 69

过道吊顶 70
- 狭长形过道吊顶设计的要点 71
- 吊顶安装石膏线条 这些细节不容忽视 73

卧室吊顶 74
- 中式风格卧室的吊顶设计 75
- 欧式风格卧室顶面贴金箔纸 77
- 卧室悬吊式吊顶的设计重点 79
- 异形原顶的卧室吊顶设计 81
- 现代风格卧室吊顶的无主灯设计 83
- 卧室软膜吊顶的施工重点 85
- 利用吊顶与衣柜之间的灯光效果增加通透感 87
- 卧室顶面安装灯具的重点 89
- 避免卧室吊顶起翘变形的设计要点 91
- 卧室吊顶的隔声处理 93
- 卧室床幔的设计形式 95
- 卧室顶面铺贴墙纸的注意事项 97

书房吊顶 98
- 简欧风格书房的吊顶设计 99
- 内开窗安装窗帘对吊顶设计的影响 101

休闲区吊顶 102
- 杉木板吊顶的设计重点 103
- 影音室吊顶的设计重点 105
- 影音室的星空顶面设计 107

餐厅吊顶 108
- 客厅与餐厅一体式吊顶的设计重点 109
- 餐厅圆形吊顶的设计重点 111
- 餐厅镜面吊顶拉升视觉层高 113
- 降低餐厅吊顶开裂概率的处理要点 115
- 餐厅吊顶与墙面连贯造型的设计重点 117
- 采光不佳的餐厅吊顶设计 119
- 局部吊顶修饰横梁对房间高度的影响 121
- 餐厅吊顶中嵌入线条的设计 123
- 巧改餐厅顶部照明避免压抑感 125
- 石膏板吊顶抽缝的施工要点 127
- 餐厅吊灯的设计重点 131

吊顶设计与软装搭配

要点解析

吊顶常用装饰材料

木龙骨

轻钢龙骨做的吊顶不会受潮变形，但是不方便做造型，因此很多家庭装修时还是会做各种造型的木龙骨。但注意木材一定要经过良好的脱水处理，保持干燥的状态，其中白松木就是做木龙骨比较合适的材料。木龙骨要特别注意垂直受力的情况，通常采用木楔加钉来固定。由于木楔具有干缩现象，比较容易造成固定不牢的现象，因此一般采用落叶松制作，它的木质结构紧，不易松动。此外，木龙骨上必须刷上防火涂料，因为灯具散发的热量会对木质产生影响。

购买木龙骨时会发现商家一般是成捆销售，这时一定要把捆打开一根根挑选。首先，尽量选择结疤少、无虫眼的，如果木疤节大且多，螺钉、钉子在木疤节处会拧不进去或者钉断木方，容易导致结构不牢固。其次，还要看其头尾是否光滑均匀，不能大小不一；同时木龙骨必须平直，否则容易引起结构变形。最后，一定要检查木龙骨的含水率，一般不能超过当地平均含水率，在选购的时候可以通过咨询店员得知。在南方地区，木龙骨含水率也不能太低，在14%左右为好。

▲木龙骨适合做各类造型的吊顶

木龙骨最大的优点是价格便宜，且比较容易做出各种造型。因此目前大部分客厅、餐厅吊顶仍然采用木龙骨。但是木龙骨易燃，在作为吊顶龙骨时，需要在其表面刷上防火涂料。作为实木地板龙骨时，需要进行相应的防霉处理，因为木龙骨比实木地板更容易腐烂。木龙骨一般有2cm×3cm、3cm×4cm、3cm×5cm、4cm×6cm等型号，选材上可分为白松木、红松木、马尾松及硬杂木等种类。

▲木龙骨

▲木龙骨的含水率是决定其使用寿命的重要因素

轻钢龙骨

　　轻钢龙骨一般是用镀锌钢板冷弯或冲压而成，是木龙骨的升级产品，主要优点是防火、防潮、强度大、施工效率高、安全可靠、抗冲击和抗震性能好，可提高防热、隔声效果。但是轻钢龙骨较木龙骨价格高，同时装修时占用的顶面空间会较大。此外，轻钢龙骨只能做直线条，不能做特殊造型，比如一些圆弧形状就无法制作。家庭装修中一般在厨房、卫生间空间的吊顶或造型大都使用轻钢龙骨。

　　轻钢龙骨外形要平整，棱角清晰，切口不允许有影响使用的毛刺和变形，要求连接牢固，无松动。质量上乘的轻钢龙骨，相对比较厚重，自身有良好的承重能力。另外，为防止生锈，轻钢龙骨两面应镀锌，选择时应挑选镀锌层无脱落、无麻点的，这样在防潮性上才有保障。品质较好的轻钢龙骨经过镀锌后，表面呈雪花状。选购时可注意龙骨是否有雪花状的镀锌表面，雪花图案清晰、手感较硬、缝隙较小的质量较好。

▲直线条的吊顶造型最适合使用轻钢龙骨

▲轻钢龙骨

▲轻钢龙骨是木龙骨的升级产品

▲防火防潮和强度大是轻钢龙骨的主要优点

石膏板

在选择石膏板时，要注意纸面与石膏不要脱离，贴合要好。最好试试石膏强度，可用指甲掐一下石膏是否坚硬，如果手感松软，为不合格产品。用手掰试石膏板角，易断、较脆均为不合格产品。

优质的吊顶石膏板表面的纸会经过特殊处理，应该非常坚韧，可以试着揭开这个纸面感觉一下，并且也要观察纸面和吊顶石膏板的板芯的黏合力强不强，黏合力不强的吊顶石膏板比较容易损毁。

另外，由于吊顶石膏板一般用于装饰天花表面，所以也要留意表面的平整光滑度。在挑选的时候，可以由两个人在石膏板长的两端，把石膏板抬起来，看看中间的弯曲度，劣质的吊顶石膏板的弯曲度比较大，这也是鉴别吊顶石膏板好坏的方法之一。两个人还可以抖一下石膏板的两端，如果没有断裂，才是合格的产品。

▲石膏板是室内空间装饰吊顶最常见的材料之一

▲石膏板

▲石膏板吊顶中通常会加装暗藏的灯带营造氛围

石膏线

石膏线一般用在室内装饰中作为顶角线，围绕房顶边缘一周，带有各种花纹，不但实用美观，而且还可遮掩管线。由于石膏线的种类相对较丰富，而且石膏线是用模具铸出来的，开模具费用也比较高，所以一般很少单独定做。

石膏线一般长度是2.5m/根，宽度一般是8~15cm。石膏线的选择首先要根据设计风格而定，其次是所选择的石膏线规格虽然与空间大小并无太大关系，但是房间层高较低，就不建议选择太宽的石膏线，因为这样会使房内空间显得压抑。

选择石膏线条时首先看表面，优质的石膏线表面洁白细腻、亮度高，且干燥结实，背面平整。而一些劣质的石膏线是用石膏粉加增白剂制成的，其表面颜色发暗、发青，还有一些含水量大且没有干透的石膏制成的石膏线，都会使其硬度、强度大打折扣，使用后会发生扭曲变形，甚至断裂等现象。其次看断面，成品石膏线内要铺数层纤维网，这样石膏线附着在纤维网上，就会增加石膏线的强度，所以说纤维网的层数和质量与石膏线的质量有密切的关系。劣质石膏线内铺网的质量差，不满铺或层数少，有的甚至做工粗糙，用草、布等来代替，这样都会减弱石膏线的附着力，影响石膏线的质量。使用这样的石膏线容易出现边角破裂，甚至整体断裂现象。最后用手指弹击石膏线表面，优质的会发出清脆的钢响声，劣质的则不然。

▲石膏线条

▲石膏线条的组合造型可丰富顶面的层次感

▲层高较低的客厅可不做任何吊顶，只选择石膏顶角线作为装饰

石膏浮雕

石膏浮雕立体感强，集艺术和装饰性于一体。选择时应注意以下几点：

首先，好的石膏浮雕表面细腻，手感光滑。而质量低劣的石膏浮雕表面粗糙，摸上去毛毛糙糙，这类产品大多是用低劣的石膏粉制作的，消费者绝对不能贪图便宜去购买。

其次看图案花纹深浅。好的石膏浮雕图案花纹的凹凸应在 1cm 以上，且制作较为精细，而采用盗版模具生产的石膏浮雕饰品，图案花纹较浅，一般只有 0.5~0.8cm。

最后看厚薄。好的石膏浮雕摸上去都很厚实，而不合格的石膏浮雕摸上去很单薄，这样的石膏浮雕不仅使用寿命短，严重的甚至会影响到居住者的安全。

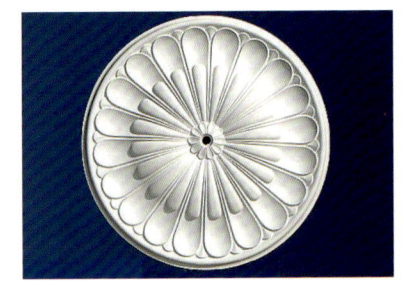

▲石膏浮雕

▲喷涂金漆后的石膏浮雕配合金箔纸，能够营造出一种富丽堂皇的氛围

▲石膏浮雕通常用于欧式风格的吊顶装修中

木线条选材要选烘干好的,以避免出现变形、开裂等情况,同时要挑选表面光滑整洁的材料,便于后期处理。常用木材有黑胡桃、樱桃木、榉木、泰柚等,木线长度有2.2m/根、2.5m/根,常见的是2.4m/根,也有加长的,比如3m/根、4m/根不等。但是如果是高层,选2.2m/根相对合适,因为这样比较方便工人搬运上楼梯及电梯。如果是一层住户,则可以根据设计情况自由选择木线长度。

木线条

因为木线条的样式相较于石膏线要少很多,为了更好地满足整体设计理念的要求,所以多数木线条是根据特定样式定做的。一般先由设计师画出木线条的剖面图,拿到建材市场专卖木线的店面就可以定做。由于定做时间的限制,木线条的表面可能会有不够光滑,木材吸水率不达标,导致变形、开裂等情况。因为普通家庭定量通常较小,所以价格较成品要高出20%~50%。

▲木线条打方框的造型可增加顶面的装饰感

▲木线条

▲木线条更多用于中式风格的吊顶装修中

吊顶设计重点

吊顶的装饰作用

吊顶通常用来弥补原建筑结构的不足。如果层高过高,会使房间显得空旷,可以用吊顶来降低高度;如果层高过低,也可以通过吊顶进行处理,利用视觉的误差,使房间变高。有些住宅原建筑房顶的横梁、暖气管道露在外面,可以通过吊顶掩盖以上不足,使顶面整齐有序而不显杂乱。

吊顶还可以丰富室内光源层次,达到良好的照明效果。有些住宅原建筑照明线路单一,照明灯具简陋,无法创造理想的光照环境。通过吊顶,不仅可以将许多管线隐藏起来,还可以预留灯具安装部位,能产生点光、线光、面光相互辉映的光照效果,使室内增色不少。

吊顶还是分割空间的手段之一。通过吊顶可以使原来层高相同的两个相邻空间变得高低不一,从而划分出两个不同的区域。

▲合理的吊顶可以帮助创造理想的室内光照环境

▲富有创意的手绘吊顶可成为空间中的装饰亮点

▲ 合理的吊顶可以帮助创造理想的室内光照环境　　　　　　　　　　▲ 合理的吊顶可以帮助创造理想的室内光照环境

吊顶的装修流程

吊顶装修是家居装修中很重要的一项内容，装修流程步骤包括以下几个方面：

首先是做好吊顶装修规划，确定需不需要做吊顶，如果做吊顶，应该选择什么样的造型、颜色、风格等；在决定了吊顶风格样式后，就到了选择吊顶材料的阶段；接下来就是材料进场，安装施工阶段；施工完成之后，是吊顶验收阶段；最后是吊顶的清洁保养阶段。

吊顶装修流程

装修规划 → 确定需不需要做吊顶，如果做吊顶，应该选择什么样的造型、颜色、风格等。

材料选择 → 选择的材料包括基础材料和饰面材料，在可以使用木龙骨、也可以使用轻钢龙骨的情况下尽量使用轻钢龙骨。这是因为木材的涨缩比较大，容易导致结构变形。

施工阶段 → 严格按照施工规范操作，安装时必须位置正确、连接牢固。施工中注意伸缩缝。每道接缝处都应留有伸缩缝，并倒成45°角，以免应力累积。

验收阶段 → 石膏板吊顶的基本验收项目包括：面板表面质量检查、面板接缝、压条质量检查以及造型检查验收。

清洁保养阶段 → 在清洗吊顶的灰尘时，一定要尽量避免采用硬质的工具来清洗，否则会对吊顶的表面造成损坏。对吊顶进行深层次清洁时最好分为两步，首先将抹布沾水轻轻擦拭吊顶表面的灰尘，然后再用清水重新擦拭一次，彻底的清除灰尘，并且开窗通风，尽快地晾干吊顶。

吊顶的设计色彩

首先，一般建议吊顶的颜色不要比地面深，尤其是如果层高不高，以浅色较佳，可以产生拉伸视觉层高的作用。最佳选择为加入大量白色（含白色、浅蓝色）、灰色或接近白色的颜色。

其次，虽然使用纯白色最为安全，但想要营造气氛，比如想让空间产生神秘感，可以使用暗色系。但也要视地面与墙面的色彩、材质而定，用色不宜过于沉重，否则容易使人产生压迫感。

最后，由于吊顶比墙面受光少，选择比墙面浅1号的色彩会有膨胀效果。层高低的吊顶应使用浅色，层高较高的吊顶可与墙面同色，但要遵守不要亮色的原则。

▲白色是室内空间装饰吊顶最常见的色彩

▲追求个性的业主可采用深色的吊顶，但注意面积不宜过大

▲儿童房顶面蓝天白云的图案给人以丰富的联想

吊顶设计形式

平面吊顶

平面吊顶指的是顶面满做吊顶的形式，吊顶的表面没有任何层次或者造型，简洁大方，适合各种装修风格的居室，比较受现代年轻人的喜爱。一般房间高度在 2750mm 的，建议吊顶高度在 2600mm，这样不会使人感到压抑，如果层高比较低的房间也选择满做吊顶，建设吊顶高度最少保持在 2400mm 以上。

▲平面吊顶是现代简约风格空间最常用的吊顶形式之一

▲明装的射灯能够打破白色顶面的单调感

局部吊顶

局部吊顶即在屋顶的一些局部，比如餐厅上方或者屋顶周边用石膏板等材料做一些造型。这种方法，对于一些局部需要遮盖的屋顶不失为好的方案。局部吊顶适合管道部位，由于房间的高度和空间较小，不适合全部吊顶，但是管道显露在外极不美观，这时候就可以选择局部吊顶进行遮掩。

▲穹形吊顶能够让整个空间在视觉上变得更为宽敞

▲穹形吊顶适用于层高较高的室内空间

穹形吊顶

穹形吊顶即拱形或盖形吊顶，多见于别墅，适合层高特别高或者顶面是尖屋顶的房间，要求空间最低点大于2.6m，最高点没有要求，通常在4~5m。

▲局部吊顶适用于遮掩管道

迭级吊顶

迭级吊顶是指层数在两层以上的吊顶。多用于装有中央空调的户型，因为中央空调厚度多在35cm左右，迭级吊顶能够增加层次感。但这类吊顶对房高要求较高，一般要求要在2.7m以上。

▲ 迭级吊顶配合灯槽照明具有丰富的层次感

异形吊顶

异形平面吊顶是局部吊顶的一种,主要适用于卧室、书房等,在楼层比较低的房间,或者客厅也可以采用异形吊顶。方法是用平板吊顶的形式,把顶部的管线遮挡在吊顶内,顶面可嵌入筒灯或内藏日光灯,使装修后的顶面形成两个层次,不会产生压抑感。异形吊顶采用的云形波浪线或不规则弧线,一般不超过整体顶面面积的三分之一,超过或小于这个比例,就难以达到好的效果。

▲弧形吊顶给人流动般的视觉美感

▲异形吊顶适合表现现代时尚风格

混搭吊顶

混搭吊顶是指使用材料在两种以上的吊顶，常用选用的材料有轻钢龙骨、石膏板、木地板、桑拿板、墙纸、镜子和玻璃等，造型上相对繁复，建议房高在 2.8m 以上再考虑使用此类吊顶，否则容易使空间显得压抑。

▲ 藤编墙纸与木饰面板两种材质混搭制作的吊顶

吊顶设计风格

中式风格吊顶

中式吊顶一般以中式古典花格为主，有棕色、褐色、原木色、白色、紫色等木质花格，可以通篇使用或者大面积使用。其花格里层还可以打上灯带，或者附一层超薄磨砂玻璃打上相应的灯光。也可以用中式花格做一圈装饰，中间布置一些具有艺术品位的中式灯饰。

新中式风格的吊顶造型多追求简单，古典元素点到为止即可，例如平面直线吊顶加反光灯槽就很常见。新中式吊顶材料的选择会考虑与家具以及软装的呼应。比如木质阴角线，或者在顶面用木质线条勾勒简单的角花造型，都是新中式装修吊顶中常用的装饰方法。

▲石膏板雕刻祥云图案表现中式意境

▲古典中式风格吊顶常用木花格材料

▲新中式风格吊顶常用木线条制作简单的角花造型

▲用线条勾勒造型是新中式风格吊顶最简洁的设计形式之一

▲利用墙纸、石膏板与木线条等材质的组合可打造出新中式风格吊顶

简约风格吊顶

现代简约装修风格中最常见的就是房间四周根据空间大小设计的直线吊顶，同时运用反光灯槽和射灯作为辅助光源。这种设计常见于 $90m^2$ 左右的中小户型。直线吊顶类似顶角线，但顶角线更窄、更细，而直线吊顶的宽度多在 30~45cm，厚度多在 8~12cm。直线吊顶看似做工简单，实际上这种跨度很长的吊顶很容易出现裂缝。如果还要暗藏中央空调，这对吊顶内部结构的质量要求就比较高了。

还有一种吊顶在 $100m^2$ 以上的大户型装修中比较常见，就是将客厅的整个平面进行吊顶处理，主要以射灯来进行照明，取消主灯的设置。

▲简洁的石膏顶角线处理适合层高不够的简约风格空间

▲悬浮式的石膏板吊顶可以让空间显得更具动感

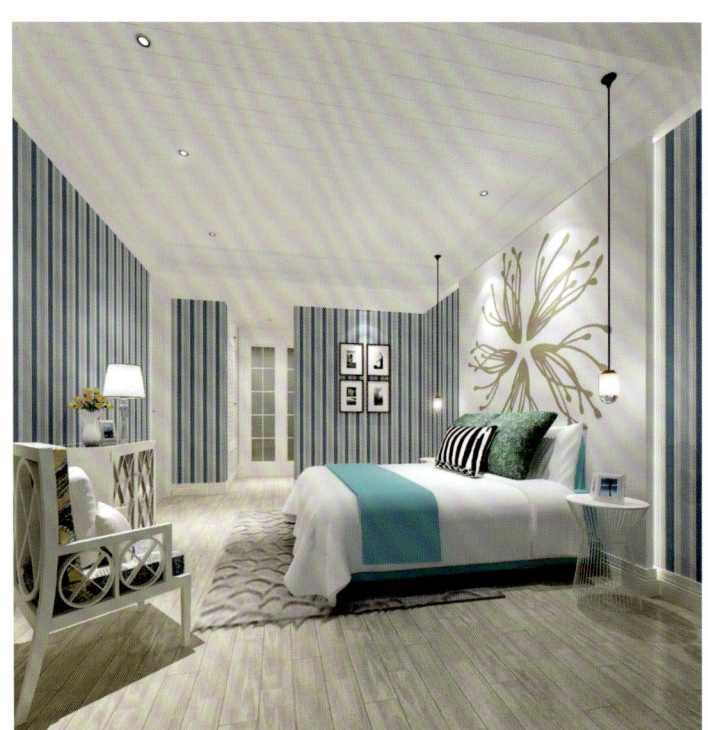

▲石膏板拓缝的处理让吊顶显得既美观，又有层次感

▲直线吊顶是简约风格空间最常用的吊顶形式

欧式风格吊顶

简欧风格的客厅装修设计，造型设计多以简单线条为主，因此吊顶不宜过于复杂。华丽欧式风格的吊顶一般来说需要分两到三层来设计。用吊顶的层次感来和华丽的欧式家具或者造型相呼应。通常在平面直线吊顶之后的顶面会做简单的造型，比如用双层石膏板勾缝，配合反光灯槽来使客厅的层高有延伸感。或者在顶面制作石膏板饰花，从而使造型更加华丽。利用石膏线条在顶面勾勒出对应的造型，也非常适合浓郁欧式装修风格设计的。

另外在欧式装修中，石膏阴角线和欧式造型框，也是经常出现的顶面设计元素。特别是在过道或者餐厅局部等空间，这种造型框可以很好地衔接不同区域的造型设计。

▲挑高的欧式吊顶让人的视觉重心上移，显现出磅礴的气势

▲新古典风格客厅中可用喷涂金漆的石膏浮雕装饰吊顶，显得更为简洁大方

▲面积过大的欧式空间常用吊顶造型区分出不同的功能区域

▲金箔纸是表现欧式华丽气息的主要吊顶材质之一

混搭风格吊顶

混搭风格的吊顶往往能给人意想不到的美感。如果房间以现代简约风格为主，同时又融合一些欧式、中式或者田园等其他风格，可以在直线吊顶的边缘做一些造型变化。比如选择了白色和黑色为主的现代风格常用色调，但是家具和小饰品等偏重于欧式风格，可以在直线吊顶的边缘增加欧式阴角线，宽度以不超过 8cm 为宜。

如果选择的电视墙造型或者家具以木质的为主，还可以适当在平面吊顶的四周做一点叠加的造型，这种吊顶造型也经常会运用在中式装修的居室中。

▲木地板贴顶的吊顶造型符合田园小清新的空间主题

▲刷白的木质假梁造型给传统厚重的卧室空间带来几丝清凉感

美式风格吊顶

美式风格跟其他风格装修不同,比较注重单一形式。以吊顶装修为例,通常选择单一色调、单一材料、单一设计等。美式风格装修经常巧用木料,比如桃心木、樱桃木、以及枫木等,这些材料使用在吊顶装修中,可以打造出美式乡村风格的吊顶。部分美式风格的吊顶更喜欢使用纵横的线条来表达粗犷大气的一面,巧妙利用横梁来做出纵横交错的吊顶,大部分以井字形造型为主,加上吊顶灯,从而使得整个空间变得十分大气。

需要注意的是,实木吊顶虽然在美式风格的设计中比较常见,但是如果要做原木色吊顶的话,应避免在层高偏低的房屋中使用,否则容易在视觉上造成压抑的感觉。一般层高较低的客厅不建议做这样的吊顶。

▲ 美式风格中运用雕花石膏线作为顶角线,表现古典之美

▲ 杉木板吊顶是美式乡村风格最常用的吊顶形式之一

▲ 三角梁造型的吊顶适用于层高较高的美式空间

▲ 木质装饰梁可以表现出美式家居的粗犷自然气息

吊顶灯饰照明

吊顶的间接照明

客厅顶部安装隐藏线形灯是目前比较流行的照明方式，但其光源必须距离顶面 35cm 以上，才不会产生过大的光晕，造成空间中的黯淡感。墙面颜色尽量选择浅色，白色为最佳，因为颜色越深越吸光，光的折射越不好。

很多空间中的主灯只是起到装饰作用，真正照明需要用到隐藏线形灯的光源。注意这种照明方式要求控制好光槽口的高度，不然光线很难打出来，自然也会影响到光照效果。而且吊顶的光槽口内一般不建议使用镜面材料，因为这样很容易通过镜面反射看到光槽内部的灯管。

▲见光不见灯的照明方式在简约风格客厅中比较流行

▲在吊顶内安装灯带形成间接照明

吊灯的装饰作用

　　吊灯是吊顶软装设计中非常重要的一个部分，很多情况下，吊灯会成为一个空间的亮点，每个吊灯都应该被看作是一件艺术品，它所投射出的灯光可以使空间的格调获得大幅的提升。软装设计里的吊灯一般都是以装饰为主，水晶吊灯是使用率最高的，也是长期最受欢迎的。现代设计里，开始出现了更多形式多样的吊灯造型，每个吊灯或具有雕塑感，或色彩缤纷，在选择的时候应根据气氛要求来决定。

　　吊灯的选择除了其造型和色彩等要素外，还需要结合所挂位置空间的高度、大小等综合考虑。一般来说，较高的空间，灯饰垂挂吊具也应较长。这样的处理方式可以让灯饰占据空间纵向高度上的重要位置，从而使垂直维度上更有层次感。

▲装饰性的吊灯可给空间增加美观性

▲客厅中的吊灯、壁灯、台灯在风格上应形成统一

▲灯饰悬挂高度通常与空间高度成正比，挑高的空间，灯饰垂挂吊具也需相应加长

吊灯的常见分类

从造型上来说，吊灯分单头吊灯和多头吊灯，前者多用于卧室、餐厅，后者宜用在客厅、酒店大堂等，也有些空间采用单头吊灯自由组合。不同吊灯在安装时离地面高度要求是各不相同的，一般情况下，单头吊灯要求与地面高度要保持在 2.2m；多头吊灯与地面的高度要求一般至少要保持在 2.2m 以上，即比单头吊灯离地面的高度还要高一些，这样才能保证整个家居装饰的舒适度与协调性。

▲单头吊灯

▲多头吊灯

从安装方式上来说，吊灯分为线吊式、链吊式和管吊式三种。线吊式灯具比较轻巧，一般是利用灯头花线持重，灯具本身的材质较为轻巧，如玻璃、纸类、布艺以及塑料等是这类灯具中最常选用的材质；链吊式灯具采用金属链条吊挂于空间，这类照明灯饰通常有一定的重量，能够承受较多类型的照明灯饰的材质，如金属、玻璃、陶瓷等。管吊式与链吊式的悬挂很类似，是使用金属管或塑料管吊挂的照明灯饰。

▲管吊式适合安装轻巧型灯具

▲链吊式适合安装大型的铁艺吊灯或水晶吊灯

▲线吊式

▲链吊式

▲管吊式

吊灯的风格搭配

烛台吊灯的灵感来自欧洲古典的烛台照明方式，那时都是在悬挂的铁艺上放置数根蜡烛。如今很多吊灯设计成这种款式，只不过将蜡烛改成了灯泡，但灯泡和灯座还是蜡烛和烛台的样子，这类吊灯一般用于欧式风格的装修，以凸显庄重与奢华感，但不适合应用于现代简约风格的家装。

▲烛台吊灯显现出浓郁的欧洲古典气息

中式吊灯给人一种沉稳舒适之感，能让人们从浮躁的情绪中回归到宁静。在选择上，也需要考虑灯饰的造型以及吊灯表面的图案花纹是否与家居装饰风格相协调。

▲中式风格吊灯给人带来一种淡淡的禅意

吊扇灯既有灯饰的装饰性，又有风扇的实用性，可以表达舒适休闲的氛围，经常会用于地中海、东南亚等风格的空间。使用的时候只要层高不受影响，还是比较舒适的，可以在换季的时候起到流通空气的效果。

大多数年轻业主也许并不想装修成古典风格，现代风格的艺术吊灯往往更受欢迎。具有现代感的艺术吊灯款式众多，主要有玻璃材质、陶瓷材质、水晶材质、木质材质、布艺材质等；此外，连体多点垂挂式的吊灯可以在故事性或主题性很强的区域空间中进行布置，以丰富空间软装的多样性。

▲吊扇灯既具灯的装饰性，又具风扇的实用性

▲错落垂挂的球形灯饰在造型与质感上显现出时尚感

吊灯的常见材质

水晶吊灯

水晶吊灯是吊灯中应用最广的，在风格上包括欧式水晶吊灯、现代水晶吊灯两种类型，因此在选择水晶吊灯时，除了对水晶材质的挑选之外，还得考虑其风格是否能与家居整体相协调搭配。

水晶灯给人以绚丽高贵、梦幻的感觉。由于天然水晶往往含有横纹、絮状物等天然瑕疵，并且资源有限，所以市场上销售的水晶灯通常都是使用人造水晶或者工艺水晶制作而成的。通常层高不够的空间适宜安装简洁造型的水晶吊灯，而不宜选择多层且繁复的水晶吊灯。

▲水晶吊灯适合表现华丽轻奢的装饰效果

铜质吊灯

铜质吊灯是指以铜作为主要材料的灯饰，包含紫铜和黄铜两种材质。铜灯是使用寿命最长久的灯具，处处透露着高贵典雅，是一种非常具有贵族气质的灯具，特别适用于别墅空间。目前具有欧美文化特色的欧式铜灯是主流，它吸取了欧洲古典灯具及艺术的元素，在细节的设计上则沿袭了古典宫廷的特征，采用现代工艺精制而成。

欧式铜灯非常注重灯饰的线条设计和细节处理，比如点缀用的小图案、花纹等，都非常的讲究，除了原古铜色的之外，有的还会采用人工做旧的方法来营造历史感。欧式铜灯在类型上分别有台灯、壁灯，吊灯等，其中吊灯主要是采用烛台式造型，在欧式古典家居中非常常见。

铁艺吊灯

传统的铁艺灯基本上都是起源于西方，在中世纪的欧洲教堂和皇室宫殿中，因为最早的灯泡还没有被发明出来，所以用铁艺做成灯饰外壳的铁艺烛台灯绝对是贵族的不二选择。随着灯泡的出现，欧式古典的铁艺烛台灯不断发展，它们依然采用传统古典的铁艺但是灯源却由原来的蜡烛变成了用电源照明的灯泡，形成更为漂亮的欧式铁艺灯。

铁艺灯有很多种造型和颜色，并不仅仅适合于欧式风格的装饰。有些铁艺灯采用做旧的工艺，给人一种经过岁月洗刷的沧桑感，与同样没有经过雕琢的原木家具及粗糙的手工摆件是最好的搭配。铁艺吊顶是地中海风格和乡村田园风格空间中的必选灯具。

▲铜质吊灯适用于表现高贵典雅气息的别墅空间

玻璃吊灯

玻璃吊灯的性能极其优越，在住宅空间中经常使用，精美的玻璃灯一般分为规则的方形和圆形、不规则的花形以及欧美风格玻璃灯等三种款式。通常在卧室中经常使用方形和圆形的玻璃灯，光线比较柔美；不规则的花形玻璃灯是仿水晶灯的造型，因为水晶灯价格昂贵，而玻璃材质的花型灯更加经济，经常被应用在客厅空间。

纸质吊灯

纸质吊灯的设计灵感来源于中国古代的灯笼，它具有其他材质灯饰无可比拟的轻盈质感和可塑性，那种被半透的纸张过滤成柔和、朦胧的灯光更是令人迷醉。纸质灯造型多种多样，可以和很多风格搭配出不同效果。一般多以组群形式悬挂，大小不一、错落有致，极具创意和装饰性。例如在现代简约风格的空间中选择一款纯白色纸质吊灯，更能给空间增加一分禅意。

▲纸质灯具有轻盈的质感，可给空间带来淡淡的禅意

木质吊灯

木头自带的复古味，可以给家居环境增添几分典雅感。配合羊皮、纸、陶瓷等材料，木质灯可以打造出中国传统风格。纸或羊皮上可以绘制一些传统花鸟图案，配合木材镶边，让居室瞬间变得温润委婉。木质灯还可以打造欧式风格，如今不少北欧家居风格的灯都是木制的。除了欧式风格以外，还可以尝试一下工业风格：例如把灯泡直接装在木头底座上。

木质灯就材质角度来看比金属、塑料等更环保。由于具有自然的风格，木质灯很适合用在卧室、餐厅，让人感到放松、舒畅，给人温馨和宁静感。如果是落地灯，还可以在灯上装饰一些绿色植物，既不干扰照明，又能够增添自然的气息。

▲天然的木质灯饰不仅环保，而且能够给室内带来质朴自然的气息

吊灯的固定方式

为了更好地展示品位，不少业主家中的客厅都会安装精美的吊灯，但是相较其他类型灯饰而言，吊灯往往比较重，并且长期处于悬挂状态，一不小心，可能会有掉落的危险，因而安装质量显得尤为重要。在顶面垂挂大型的吊灯时，最好将其直接固定到楼板层。因为如果吊灯过重，而顶面只有木龙骨和石膏板吊顶，承重会有问题。另外安装时必须注意安全，不能使用木塞或者塑料胀塞，一定要用膨胀螺栓，将吊灯牢牢固定。

根据灯管大小，一般有 5 寸的大号筒灯，4 寸的中号筒灯和 2.5 寸的小号筒灯三种。尺寸大的间距小，尺寸小的间距大，一般安装距离在 1~2m，或者更远。不论是主要作照明之用，还是作为辅助灯光使用，筒灯都不宜过多、过亮，以排列整齐、清爽有序为佳。

若是空间足够大，且作为主灯饰照明的灯具，则建议选择瓦数大，光线更为明亮的筒灯做恰当数量的分布，在需要主光源处做较密集的排布，次光源处则零星点缀，起到辅助光源的作用；若是空间面积不足，则建议减少筒灯数量，或选择瓦数较低的筒灯，以避免出现排布过于密集、造成光线过亮刺眼的情况。

▲大型吊灯应注意安装的牢固度

筒灯搭配要点

筒灯是比普通明装的灯饰更具聚光性的一种灯饰，嵌装于吊顶内部，它的最大特点就是能保持建筑装饰的整体统一，不会因为灯饰的设置而破坏吊顶。筒灯的所有光线都向下投射，属于直接配光。而且筒灯不占据空间，可增加空间的柔和气氛，如果想营造温馨的感觉，可试着装设多盏筒灯，减轻空间压迫感。筒灯有明装筒灯与暗装筒灯之分，一般在酒店、住宅空间、咖啡厅中使用较多。

▲简约风格空间经常采用筒灯结合灯带作为空间主要照明

▲床头上方的筒灯可以作为重点照明，起到突出装饰画的作用

玄关吊顶

　　玄关作为人们进门的第一个空间，玄关处的装修若能做到给人眼前一亮的感觉，那就需要吊顶来发挥功能了。不过玄关吊顶需要分情况来做，对于很多小户型的玄关来说，吊顶最好简洁明了，这样不会产生压抑感；而空间较大的玄关，则可以根据位置和家居风格等设计出造型唯美的吊顶，搭配时尚的吊灯。

顶面 [银箔+木线条造型刷金漆+石膏雕花线描金]

顶面 [木线条走边+金箔]

顶面 [石膏板造型+金箔+木线条收口]

顶面 [石膏板造型+金箔]

小户型玄关 吊顶设计的要点

小户型不适合做复杂的吊顶设计。如果家中不做丝毫的吊顶设计，可以在玄关处设计一盏特色的灯具，抬头另有一分情致。如果玄关处出现横梁影响美观，可以做一层简单的吊顶，装上嵌入式的小灯，刚好对应出玄关的位置，这样不仅比进门空空一望更有层次感，同时又可以化解横梁外露的问题。此外，也可以将玄关的吊顶和客厅的吊顶结合起来考虑。如果客厅选择石膏板吊顶加反光灯槽的设计，那么玄关吊顶也可以选择相同的造型。

顶面［石膏板造型 + 石膏线条描金］ 　　　　　　　　顶面［石膏板造型 + 石膏线条描金］

顶面［金箔 + 木线条收口］ 　　　　　　　　　　　　顶面［石膏板造型 + 石膏浮雕 + 艺术墙纸］

顶面［石膏板造型刷银箔漆］ 　　顶面［石膏板造型+木线条造型］ 　　顶面［石膏板造型+石膏浮雕刷金箔漆］

顶面［石膏浮雕］

大户型玄关 吊顶设计的要点

大户型玄关的面积比较充裕，通透性好，所以吊顶的样式稍微复杂一些也不影响整体，不用担心会使空间变压抑的问题。如果玄关呈正方形，吊顶可以做成比较方正的样式，四周吊顶中间不吊顶，这样在天花板的中心安装上吊灯以后，和地面相对应，能够达到巧妙的视觉效果。如果是狭长形玄关，本身就很像过道，要特别注意高度宜适中，设计时也可以选择和正方形玄关相同的造型。因为玄关形状是矩形的，这样在视觉上就会觉得玄关是一个完整的空间。

顶面［石膏板造型+木线条造型刷金箔漆］

客厅吊顶

　　家装中的客厅吊顶一直是装修中的重点，对于不同面积及布局的客厅，其吊顶设计方法也会有所不同，出色的客厅吊顶将会提升整个客厅的装修效果。不少业主以为只要吊顶外观形状好看漂亮就行了，其实在装修的时候也是有很多需要注意的。

顶面 [石膏板造型]　　　　　　　　　　　　　　　　顶面 [石膏浮雕]

顶面 [石膏浮雕+金属线条走边]　　顶面 [石膏浮雕+密度板雕花刷白]　　顶面 [墙纸+木线条装饰框]

顶面 [三角梁造型吊顶]

客厅吊顶装饰前的准备工作

吊顶不同的层高会给人不同的心理感受，在装修前，需计算好吊顶的高度。如果房屋高度只有2.6~2.8m，最好选择在天花四周做简单的吊顶，不宜做得面积太大，一般吊顶的高度在2.3~2.6m。吊顶的款式风格多样，常见吊顶可分为直线、平顶、异形等，不同的吊顶款式适用于不同的层高、房形，营造的风格以及其各自造价也不一。因此，需根据家居整体风格以及预算等确定吊顶的款式。

顶面［藤编墙纸 + 石膏板装饰梁］

顶面［木质造型吊顶］

顶面［木质装饰梁］

顶面［石膏板装饰梁 + 木饰面板抽缝］

顶面［木质造型 + 藤编墙纸］

顶面［石膏板造型嵌金属线条］

顶面［石膏板造型 + 彩色乳胶漆 + 杉木板造型套色］

顶面［藤编墙纸］

利用吊顶设计弱化横梁的压抑感

房屋本身会有一些横梁，而且有时候一些梁的位置会比较尴尬，在餐厅或者客厅的正上方。梁本身是用来承重的，敲掉根本不可能，吊平顶的话层高会太矮。像这种情况的话，可以在梁的周围再添加几根一样高度的假梁，按空间的大小做成井字形，这样既美观，又能弱化横梁的存在。如果横梁位于房间的中部，对于中式或田园风格的客厅来说，可以沿横梁两边再做几根"假梁"，并用木板饰面、上漆。中式装修风格的颜色重一些，田园风格的可用原木色。也可以在原横梁的中部垂直方向做一根"假梁"造型，形成"田"字形格局，再通过局部吊顶，配以灯光，这样不但能消除横梁的压迫感，而且能使空间更具层次感。

做假梁一般会采用两种材质，一种是石膏板。用木龙骨定好梁的位置再贴石膏板，然后刷乳胶漆。采用石膏板假梁的话可以加一些成品的石膏线条来点缀。还有一种是饰面板假梁，用木龙骨定好梁的位置，再贴木工板和饰面板，然后刷木器漆或者木蜡油擦色。

顶面［木质装饰梁 + 墙纸］ 　　　　　　　　顶面［橡木饰面板 + 木质装饰梁］

顶面［石膏浮雕 + 石膏雕花线］ 　　　　　　顶面［石膏浮雕刷金漆 + 石膏雕花线描金 + 绿色木线条装饰框］

顶面［木线条造型刷白］ 　　顶面［石膏浮雕］ 　　顶面［木线条造型刷白 + 银箔］

顶面 [金属马赛克线条装饰框]

顶面 [石膏板吊顶嵌黑镜]

顶面 [石膏浮雕喷金漆 + 石膏板造型]

顶面 [石膏板造型 + 石膏浮雕喷金漆]

顶面 [石膏板雕花 + 银箔]

顶面 [石膏板造型]

一级吊顶与二级吊顶的特点

一级吊顶是造型做低一级，只有一个层次。一般情况下，吊顶边缘做成5cm的厚度；但因为做反光灯槽的原因，一般要预留出装灯的空间，所以一级吊顶一般吊下来12~15cm。

二级吊顶指的是两个层次的吊顶，一般层次越多，吊顶吊下来的尺寸就越大，通常适合层高较高的空间。例如有些管道在吊顶下方，层高又不够时，只有在局部再做吊顶。二级吊顶一般就往下吊20cm的高度，但如果层高很高的话，也可增加每级的厚度，层高矮的话每级可减掉2~3cm的高度，如果不装灯，每级往下吊5cm即可。

顶面［木花格＋木线条走边＋灯带］

顶面［木花格贴银镜＋杉木板吊顶刷白］

顶面［石膏板造型］

顶面［石膏板造型＋石膏浮雕喷金漆＋金箔］

顶面［石膏板造型＋金箔＋黑镜］

顶面［石膏板造型勾黑缝＋木线条造型］

顶面［石膏板造型＋石膏浮雕］

顶面 [石膏板造型 + 藤编墙纸]

顶面 [石膏板造型 + 木线条打方框]

顶面 [石膏板造型 + 银箔]

顶面 [石膏板造型 + 木网格刷白]

顶面 [木线条造型刷金漆]

顶面 [墙纸 + 木质装饰梁]

客厅吊顶木质材料应注意防火

在选购吊顶材料时，最好选择不会燃烧的材料，但如果情况使然，必须选择木质材料做吊顶，就一定要注意在施工时对吊顶做防火处理，刷上防火涂料。因为吊顶内一般都要敷设照明、空调等电气管线，如果木质材料未经防火处理，就会留下安全隐患。

吊顶内的木质材料应满涂二度防火涂料，以不露出木质为准；如用无色透明防火涂料，应对木质材料表面均刷二度，不可漏刷，避免电气管线由于接触不良或漏电产生的电火花引燃木质材料，进而引发火灾。

顶面［石膏浮雕喷金漆 + 石膏板造型］

顶面［石膏浮雕刷银箔漆］

顶面［装饰木梁 + 灯带］

顶面［木线条走边］

顶面［密度板雕花刷白］

顶面［石膏板造型+杉木板吊顶套色］

顶面［木花格］

顶面［回纹线条雕花+木线条走边］

顶面［实木线制作角花+木线条走边］

顶面［木线条造型刷白+木质装饰梁］

顶面［竹席+木线条收口+木线条走边］

吊顶装修应合理设置检修孔

很多业主家中的电线都是从吊顶上走，所以最好在吊顶上设置检修孔，以便出现问题时可以很方便地查明原因。但是由于检修孔可能会破坏吊顶的装饰效果，很多业主都不愿意在吊顶上安装检修孔，其实这样会给今后的维护带来极大的不便，因为一旦吊顶内的管线设备出了故障，就无法检查确定是什么部位发生什么样的问题，更无法修复，到最后只能把吊顶敲掉，造成不必要的经济损失。当然，检修孔可选择设置在比较隐蔽而且便于检查的部位，同时为了不破坏装饰的美观效果，可以对检修孔进行艺术处理，譬如与某一个灯具或装饰物相结合设置。

顶面［石膏板造型+水泥］

顶面［木质装饰梁］

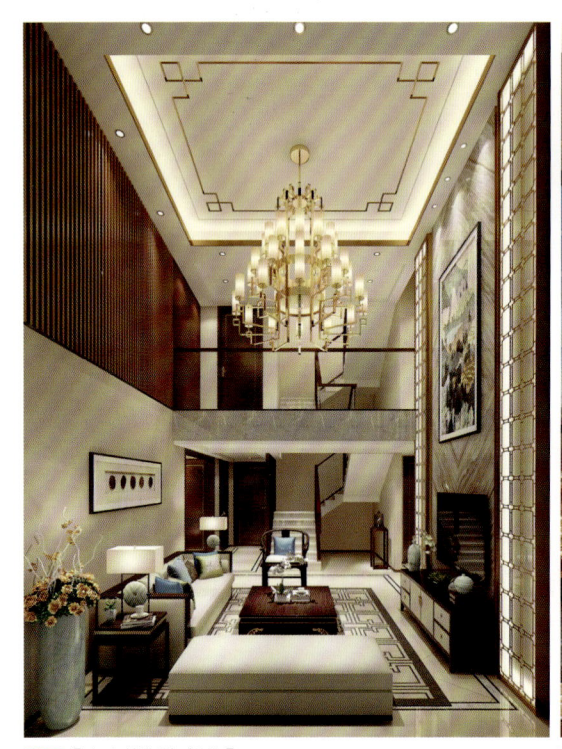

顶面［实木线制作角花］

顶面［艺术墙纸］

顶面［石膏板造型 + 木线条造型刷白 + 墙纸］

顶面［石膏板造型 + 石膏浮雕］

顶面［石膏板造型 + 银箔］

顶面［石膏板造型暗藏灯带］

吊顶装修选择木线条还是石膏线条

在现代风格的装饰中，木线条很少被运用在吊顶中，而在欧式风格装修中，特别是一些装饰风格比较富丽堂皇的客厅，会在吊顶中加入一些线条用来增加豪华感，相对来说木线条更适合用在造型复杂的吊顶中，因为和石膏线条相比，木线条无论在尺寸、花色、种类还是后期上色上都相对具有一些优势。当然木线条的价格和石膏线条相比要贵不少，业主如果预算有限，可以不选择价格昂贵的实木线条，而选择科技木。

顶面［木质吊顶 + 藤编墙纸］

顶面［木质造型吊顶套色］

顶面［石膏浮雕］

顶面［石膏板造型 + 木质装饰梁］

顶面［石膏板装饰梁暗藏灯带］

顶面 [石膏板造型 + 金箔]

顶面 [艺术墙纸 + 实木雕花线]

顶面 [石膏板造型]

顶面 [石膏板造型 + 石膏板装饰梁]

顶面 [石膏浮雕刷银箔漆]

顶面 [石膏浮雕刷金箔漆 + 石膏板造型 + 金箔]

面积较小的客厅吊顶设计

小户型的客厅不建议做复杂的吊顶，但可以对吊顶进行适当装饰。例如把吊顶四周做厚，而中间则薄一点，形成立体鲜明的层次，这样就不会感觉那么压抑了。如果客厅的面积实在是太小，顶面也不是很大，那么选择围着顶面做一圈简单的石膏线也是一种很实用的方法。有些客厅本身有相对完整的横梁，打掉是不可能的，而不做处理的话线条又太过生硬，这时可以选择在横梁衔接处添加一层围石膏边造型。

57

顶面［墙纸 + 木线条收口］

顶面［石膏板造型 + 木质装饰梁］

顶面［木花格 + 木线条走边］

顶面［木格栅 + 木质装饰梁］

顶面［石膏板造型勾黑缝 + 灯带］

顶面［木花格］

顶面［密度板雕花刷白 + 金属线条走边］

顶面［木质吊顶＋藤编墙纸］

顶面［石膏浮雕＋木线条走边］

顶面［石膏浮雕刷金箔漆＋石膏线条描金］

顶面［石膏浮雕刷金箔漆］

顶面［石膏浮雕＋石膏板造型］

顶面［石膏装饰梁］

层高过低的客厅吊顶设计

　　层高过低的缺陷影响着业主的居家生活便利性和舒适度，设计时可利用吊顶造型进行改善调节。例如用石膏板做四周局部吊顶，形成一高一低的错层，既能起到区域装饰的作用，而且能在一定程度上对人的视线进行分流，形成错觉，让人忽略掉层高过低的缺陷。也可采用石膏板加角线混搭的方法，即在阴角部分进行单层或双层石膏线的叠加，并在中间处嵌入墙纸、不同材质的雕刻等装饰手法，既丰富了房间的层次感，又起到了拉升空间的作用，是欧式风格中常用的手法。

顶面［实木线制作角花 + 木线条走边］

顶面［银箔 + 木线条装饰框］

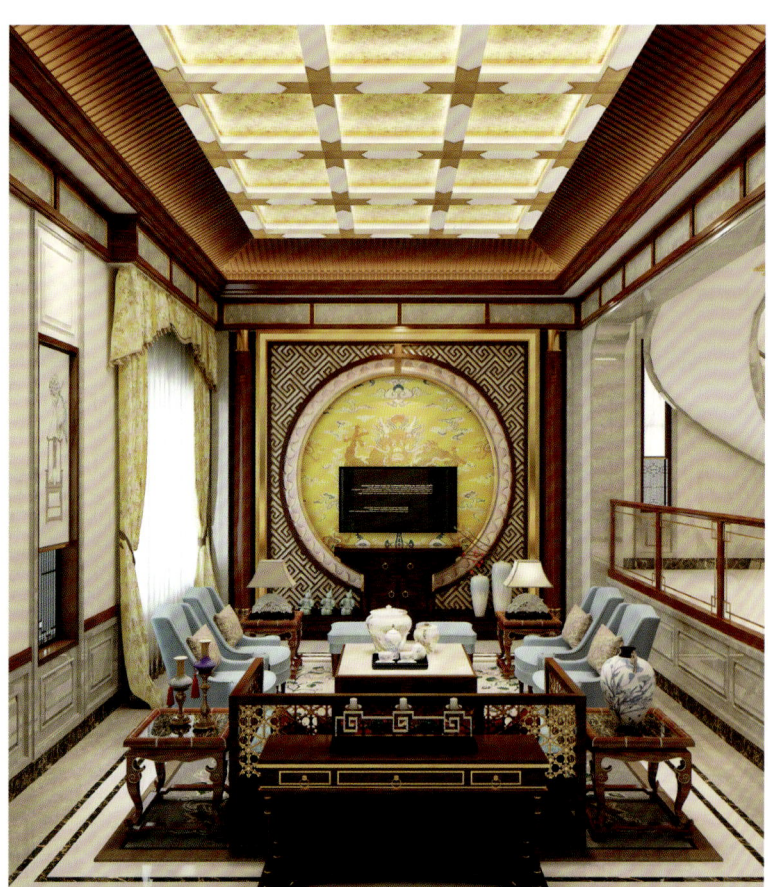

顶面［石膏板装饰梁 + 金箔 + 木质造型］

顶面［石膏板艺术造型贴金箔 + 银镜贴边线］

顶面［黑胡桃木饰面板］

顶面［木质吊顶＋木质装饰梁］

顶面［藤编墙纸＋木质吊顶］

顶面［石膏板造型＋实木雕花＋木质装饰梁］

吊顶中的隐藏式照明设计

很多客厅利用吊顶间接照明的方式做空间的基础照明，形成了只见灯光，不见灯饰的画面。它的出现增加了室内环境的层次感，丰富了光环境，是简约风格空间比较流行的照明方式。

很多空间中的主灯只是起到装饰作用，真正照明需要用到灯带的光源。注意这种照明方式要求控制好光槽口的高度，不然光线很难打出来，自然也会影响到光照效果。而且吊顶的光槽口内一般不建议使用镜面材料，因为这样很容易通过镜面反射看到光槽内部的灯管。

如果要选择灯带照明的方式，建议墙面颜色尽量选择浅色，白色为最佳，因为颜色越深越吸光，光的折射越不好。

顶面［石膏板造型 + 石膏板雕刻回纹图案］

顶面［杉木板吊顶套色］

顶面［石膏板造型 + 灯带］

顶面［石膏板造型 + 金箔］

顶面［杉木板吊顶套色］

顶面［石膏板雕刻回纹图案＋木线条走边］

顶面［彩色乳胶漆］

顶面［木线条打菱形框刷白］

顶面［木线条造型刷白］

顶面［木质装饰梁］

客厅出现横梁多且深的设计方案

如果客厅横梁多且深，直接把整个顶面封平的话，就会显得空间过于压抑，所以应当根据实际情况进行设计。一种是顶面如果有比较大的横梁，建议以沙发为中心，向客、餐厅两侧做出层次性的升高设计。为了减少压迫感，可以选择低背沙发，开阔空间视野；另一种是如果客厅处的横梁刚好处于电视背景的前方，可以考虑设计层板，配以间接的灯光照明，虚化压梁；同时在电视墙面顶部增加镜面装饰，改善采光的同时又可以化解横梁造成的压迫感。

顶面 [石膏装饰梁 + 硅藻泥 + 木线条走边]

顶面 [石膏浮雕 + 金箔 + 石膏板装饰梁]

顶面 [墙纸 + 不锈钢线条 + 金箔]

顶面 [石膏板造型 + 金属线条制作角花]

顶面 [石膏板造型]

顶面［硅藻泥＋木质装饰梁］

顶面［杉木板吊顶套色＋木质装饰梁］

顶面［实木雕花造型］

顶面［石膏浮雕］

顶面［墙纸＋木质装饰梁］

顶面［波浪板＋木线条］

利用客厅吊顶隐藏中央空调

中央空调室内机安装时一般应尽可能贴近屋顶面，减少对层高的影响，再根据空调的最低点来确定吊顶的高度。吊顶高度一般在中央空调内机厚度基础上增加5cm左右，比如假设购买的空调厚度是19.2cm，那么吊顶高度约为24cm。不过，有时也需要吊顶反过来配合空调。中央空调的出风口在上部，回风口在下部，若将空调安装得过高，容易导致冷空气还没沉降到房间下层空间，就被空调吸回了，因此空调并非安装得越高越好，一定要注意气流组织。

顶面 [木质吊顶 + 墙纸 + 实木线制作角花]

顶面 [木花格喷金漆 + 金属线条走边]

顶面 [墙纸 + 木线条]

顶面 [石膏板造型 + 木线条走边]

顶面 [石膏浮雕 + 石膏雕花线 + 密度板雕花刷白]

顶面［石膏浮雕 + 石膏板装饰梁 + 金属线条走边］

顶面［密度板雕花刷白 + 金箔］

顶面［石膏浮雕 + 木线条造型刷白］

顶面［石膏板造型 + 银箔］

顶面［石膏板造型 + 金箔］

顶面［木质吊顶 + 木线条走边］

客厅安装中央空调的风口高度

中央空调的风口都是和空调机器平行的，所以空调的安装高度和风口的高度是呼应的。一般出风口的高度是 220mm 左右。有些复杂的吊顶需要在阴角的地方走些线条，有时还会上下走几圈线条，这时空调进场安装时就要提前把这个高度空出来。一般应与顶面空出 3~5cm 的距离，这样做完吊顶后，空调出风口的上方可以安装 7~8cm 的阴角线。有些吊顶会在出风口的地方安装灯带，这时也需要和安装空调的工人提前沟通，把灯带的位置预留出来。

顶面 [木线条造型刷白]

顶面 [石膏板造型+金箔]

顶面 [金箔+木网格刷白]

顶面 [杉木板吊顶刷白]

顶面 [石膏板造型+银箔]

顶面 [实木雕花]

顶面 [石膏板造型+灯带+木线条走边]

顶面 [石膏板造型+银箔]

顶面 [石膏板造型+木线条打方框]

客厅水晶吊灯的选择要点

在客厅中安装水晶吊灯会给人以绚丽高贵、梦幻的感觉。由于天然水晶往往含有横纹、絮状物等天然瑕疵，并且资源有限，所以市场上销售的水晶灯通常都是使用人造水晶或者工艺水晶制作而成的。通常层高不够的空间适宜安装简洁造型的水晶吊灯，而不宜选择多层且繁复的水晶吊灯。

一般来说，客厅水晶吊灯的直径大小是由所要安装的空间面积来决定的，10~25平方米的空间选择直径在1m左右的水晶吊灯是极具美感的，30m^2以上的空间选择直径在1.5m及以上的水晶吊灯为宜，如果房间过小，安装过大的水晶吊灯会影响整体的协调性。

通常水晶吸顶灯的高度在30~40cm，水晶吊灯的高度在70cm左右，挑空的水晶吊灯高度在150~180cm。以水晶吊灯为例，安装在客厅时，下方要留有2m左右的空间，安装在餐厅时，下方要留出1.8~1.9m的空间，业主可以根据实际情况选择购买相应高度的灯饰。

过道吊顶

在居室空间中，过道看似狭窄，但它却是通往居室的必经之地。在整个装修过程中，过道吊顶设计是重要部分之一，因为一个好的吊顶设计可以营造出良好的室内视觉效果，还可以增添整个居室空间的氛围。

顶面［彩色乳胶漆 + 不锈钢线条造型 + 木线条走边］

顶面［樱桃木饰面板］

顶面［悬浮式石膏吊顶 + 灯带 + 石膏浮雕］

狭长形过道吊顶设计的要点

　　狭长形的过道具有给人以压抑感和采光差两大缺陷，可以通过延伸状吊顶设计，制造转角的美好，给人期待感。例如在吊顶中留出一条直线，具有引人入胜的感觉，转变了视觉的焦点；也可以采用方格状的石膏板吊顶，使得视觉随着顶面延伸，以此为中轴，引开两边空间的景观。此外，要注意狭长形过道的吊顶最好使用比较浅的颜色，如果吊顶的颜色比地面还深的话，不仅会使人感觉上重下轻，而且会显得更加压抑。

顶面［木质装饰梁 + 茶镜雕花］

顶面 [石膏板造型 + 黑镜]

顶面 [藤编墙纸 + 木质装饰梁]

顶面 [石膏板造型 + 银箔]

顶面 [杉木板吊顶刷白]

顶面 [石膏雕花线描金 + 石膏浮雕]

顶面 [黑胡桃木饰面板装饰凹凸造型]

顶面 [石膏板造型嵌银镜 + 木线条走边]

顶面 [石膏板造型 + 金属线条走边]

顶面 [杉木板吊顶]

顶面 [石膏浮雕 + 木线条走边]

顶面 [石膏浮雕]

吊顶安装石膏线条 这些细节不容忽视

安装首先是将需要安装的部位上原有的腻子粉清理干净，这样可以防止安装好的石膏线脱落。然后在顶角的墙面部位用墨斗弹上墨线，再将石膏线立起来，采用45°角锯好两端，将石膏粉用水拌好后均匀地刮在石膏线的两侧，最后两个人托起将石膏线下边贴齐墙上的墨线位置，按住不动3~5分钟即可，接头部位不密封的地方拌好石膏粉补平就行了。如果后期墙面贴墙纸，施工时一定要把石膏线上的墙纸胶擦洗干净，否则日后乳胶漆上会留下暗印影响装饰效果。

卧室吊顶

　　要想在卧室营造出一种舒适温馨静谧的环境，那么在装修天花板时一定不能马虎，一定要根据卧室空间结构、层高等进行吊顶的设计与搭配。如果卧室的层高过高，吊顶可以起到很好地降低层高的效果；如果层高较低，可不做全面吊顶，而用石膏线或木线做局部吊顶，并在里面装饰灯带，来突出空间的层次感，起到很好的装饰效果。

顶面 [石膏板造型 + 黑胡桃木饰面板]

顶面 [石膏板造型 + 实木线制作角花]

顶面 [木质吊顶 + 墙纸]

顶面 [石膏板造型勾黑缝]

中式风格卧室的吊顶设计

在中式风格的卧室中，设计吊顶时加入木花格，可以给整个空间带来浓郁的传统文化气息。从材质上来说，木花格一般分为实木雕刻和密度板雕刻两种，实木材质相比于密度板更加生动自然，所以价格上略微高一些。实木花格除了榫接方式制作外，还可使用铁板、铁钉、螺栓、胶粘剂等材料，其中榫接方法最实用，配合其他方法效果更好。

木花格一般都是采用定制的形式，等到顶面乳胶漆做好以后再进行安装。所以在设计之初就要考虑好木花格和要安装的槽口的施工收口问题，一般建议木花格凹进槽口 20mm。考虑到热胀冷缩的因素，木花格与安装的槽口之间应留出一点空隙。

顶面［木质吊顶］

顶面［藤编墙纸 + 木质装饰梁］

顶面［杉木板吊顶套色 + 木质装饰梁］

顶面［杉木板吊顶 + 木质装饰梁］

顶面［石膏板造型 + 木线条走边］

顶面［木质装饰梁］

顶面［木质装饰梁］

顶面［石膏板造型］

顶面［墙纸 + 木质装饰梁］

顶面［石膏浮雕 + 木线条造型刷金漆］

顶面［石膏板造型 + 银箔］

顶面［石膏浮雕 + 金箔］

顶面［石膏板造型 + 石膏浮雕喷金漆］

欧式风格卧室顶面贴金箔纸

卧室顶面铺贴金箔纸，可以给空间带来富丽堂皇的视觉感受，金箔纸一般比较薄，表面光滑容易反光，导致底层的凹凸不平、细小颗粒都会一览无余，因此光滑平整的顶面是铺贴前的基本条件。金箔纸除具备普通墙纸的特点外，还具备部分金属的特性，所以不可用水或湿布擦拭，以避免纸的表面发生氧化。金箔纸标准规格为 9.33cm×9.33cm，价格一般为 5 元一张，每平方米大概用量 130~140 张。石膏线贴金箔的价格一般为每米 18 元。

顶面［木饰面板拼花 + 木质装饰梁］

顶面［木花格 + 金箔］

顶面［木花格 + 灯带］

顶面［石膏板装饰梁］

顶面［石膏板造型暗藏灯带］

顶面［石膏板造型 + 石膏浮雕喷银漆］

顶面［石膏浮雕］

顶面［木质装饰梁］ 　　　　　　　　　　　　　　顶面［杉木板吊顶刷白］

顶面［杉木板吊顶刷白＋木质装饰梁］ 　　顶面［杉木板吊顶套色＋木质装饰梁］ 　　顶面［杉木板吊顶］

卧室悬吊式吊顶的设计重点

　　悬吊式吊顶是指通过吊杆使吊顶装饰面与楼板保持一定的距离，犹如悬在半空中一样，这样做不仅能充分利用房屋的空间，而且能给人眼前一亮的动感。在两者之间还可以布设各种管道及其他设备，饰面层可以设计成不同的艺术形式，以产生不同的层次和丰富空间效果。悬吊式的吊顶与常规的光带天花吊顶不同。前者向四周墙面打光，后者向中央区域打光。做这类吊顶设计时，要注意预留安装发光灯管的距离，以及吊顶与四周墙面的材质衔接。

顶面［藤编墙纸＋木线条装饰框＋杉木板吊顶］

顶面［石膏板造型 + 木线条］

顶面［石膏板造型 + 木线条走边］

顶面［石膏板造型 + 木线条走边］

顶面［竹席 + 藤编墙纸 + 木质装饰梁］

顶面［木质装饰梁］

顶面［木质造型吊顶 + 透光云石］

顶面［石膏板造型贴金箔］

顶面 [石膏浮雕 + 石膏雕花线]

顶面 [石膏浮雕 + 木线条造型刷白]

顶面 [石膏板造型暗藏灯带]

顶面 [杉木板吊顶刷白 + 木质装饰梁]

顶面 [石膏板造型拓缝 + 金箔]

异形原顶的卧室吊顶设计

由于建筑的外观设计使得很多别墅或者复式住宅顶层的顶部都是一些异形的，有很多装修业主会通过吊顶把顶面处理成平面。其实保留建筑本身的特点，依式而做的顶面会更加的大气，层高也会显得更高，更有空间感。例如可以按照原结构顶的形状做木梁装饰。工艺上是把木工板做成木梁的框架，外面贴饰面板或木塑型材，也可用松木指接板或者橡木指接板，再根据要求擦成想要的油漆颜色，这类吊顶一般很少用原木来做，原因在于一是原木太过笨重，还有就是原木质容易开裂。

顶面［石膏浮雕 + 石膏雕花线］　　　　　　　　　　　　　顶面［石膏浮雕 + 石膏线条装饰框］

顶面［石膏浮雕喷金漆 + 石膏雕花线描金］　　　　　　　　顶面［石膏板造型刷银箔漆］

顶面［石膏线条装饰框描金］　　顶面［金箔 + 木网格刷白］　　顶面［石膏板造型 + 彩色乳胶漆］

顶面［石膏板造型 + 彩色乳胶漆］ 　　　　　　　　　　顶面［木质装饰梁］

顶面［墙纸 + 木线条装饰框刷白］ 　　顶面［石膏浮雕 + 彩色乳胶漆］ 　　顶面［石膏浮雕］

现代风格卧室吊顶的无主灯设计

卧室无主灯是极具现代风格的一种设计手法，是为求空间一种极简效果。但这并不等于没有主照明，只是将照明设计成了藏在顶棚里的一种隐式照明。

这种照明方式其实比外挂式照明在设计上要求更高，装修时首先要吊顶，要考虑灯光的多种照明效果和亮度，吊顶和主体风格的协调，以及吊顶后对空间的影响。无主灯不等于省了主灯，而是让主灯服从于吊顶风格达到见光不见形，并让室内有均匀的亮度，见光而不见源的效果。

顶面［杉木板吊顶套色 + 木质装饰梁］

顶面［石膏板造型+硅藻泥］

顶面［石膏板造型+石膏浮雕+金箔］

顶面［石膏板造型+彩色乳胶漆］

顶面［软膜吊顶］

顶面［墙布+银箔］

顶面［皮质软包+石膏板造型贴墙纸］

顶面［木线条造型刷白］

顶面［金箔 + 黑胡桃木饰面板 + 木线条走边］

顶面［墙纸 + 木线条装饰框 + 木饰面板贴边线］

顶面［石膏线条装饰框 + 石膏板造型］

顶面［银箔 + 木线条造型］

顶面［木质装饰梁 + 木线条走边］

卧室软膜吊顶的施工重点

　　软膜由于其材质是乳白色的，透光率达到75%~85%，白天不开灯显现的是乳白色，与石膏吊顶原色相同，美观整洁，看不见后面的灯管，而开灯后会呈现出一种最接近自然光的柔和灯光效果，能够营造出温馨洁净大气的氛围，还可随意造型。施工时首先要根据灯管的排布与灯管到灯膜之间的尺寸预留出足够的空间，软膜与灯管的距离建议应在20~30cm，灯管的间距应等于或小于灯管与软膜的间距。灯管可以选择传统的日光灯管（普通和三基色均可），建议用LED灯管。

顶面［藤编墙纸 + 木线条造型］

顶面［杉木板吊顶套色］

顶面［杉木板吊顶刷白＋木质装饰梁］

顶面［木质装饰梁］

顶面［竹编造型＋木质装饰梁］

顶面［杉木板造型套色＋灯带］

顶面［石膏浮雕＋金箔］

顶面［石膏浮雕＋木线条走边］

顶面［杉木板吊顶+木线条造型+石膏板造型］

顶面［藤编墙纸］

顶面［杉木板吊顶套色］

顶面［石膏板造型+木质装饰梁］

顶面［石膏浮雕+石膏雕花线］

顶面［杉木板吊顶+木质装饰梁］

利用吊顶与衣柜之间的灯光效果增加通透感

有些小户型的卧室面积不大，再加上床、衣柜之类的家具一个都不能少，所以整个空间会显得比较压抑。在设计时可以采用一些扩大空间感的手法，增加空间层次感，使之显得更加宽敞一些。例如衣柜不要做成"顶天立地"的形式，而是在吊顶与柜顶之间留出足够的空间增加灯光效果，让整个房间更加通透，同时灯光也可以作为夜灯使用，是一个一举两得的设计手法。但在施工时要注意，柜子上灯管的安装方式必须是便于更换的，不然容易成为家庭装修的死角。

顶面［石膏板造型 + 硅藻泥］

顶面［石膏板造型 + 石膏浮雕］

顶面［杉木板吊顶刷白］

顶面［石膏浮雕 + 石膏板造型］

顶面［石膏浮雕喷金漆 + 石膏线条描金］

顶面［石膏板造型 + 石膏雕花线］

顶面［石膏板吊顶 + 杉木板造型套色］

顶面［石膏雕花线描金 + 石膏浮雕］

顶面［艺术墙纸 + 石膏浮雕描金 + 木线条造型喷金漆］

顶面［石膏浮雕］

顶面［石膏浮雕喷金漆 + 石膏雕花线］

卧室顶面安装灯具的重点

卧室是一个供居住者休息睡觉的私密功能区，很多人也常在卧室内看书学习，把卧室作为书房。因此选择灯饰及安装位置时应避免有眩光刺激眼睛。低照度、低色温的光线可以起到促进睡眠的作用。卧室内灯光的颜色最好是橘色、淡黄色等中性色或是暖色，这类色调有助于营造舒适温馨的氛围。

卧室里一般建议使用漫射光源，壁灯或者 T5 灯管都可以。吊灯的装饰效果虽然很强，但是并不适用于层高偏矮或者空间太小的房间，特别是水晶灯，只有层高确实够高的卧室才可以考虑安装水晶灯增加美观性。此外，要注意平层公寓的卧室里的吊灯最好不要安装在床的正上方，否则一方面人站在床上的时候就有可能头顶到灯，容易发生意外；另一方面在换灯泡的时候就要在床上再加凳子，很不方便。

顶面［杉木板吊顶］

顶面［石膏板造型＋杉木板吊顶刷白］

顶面［布艺软包＋灯带］

顶面［杉木板吊顶套色］

顶面［石膏板造型＋墙纸］

顶面［石膏板造型＋墙纸］

顶面［石膏板造型＋墙纸］

顶面［藤编墙纸 + 木线条打网格］

顶面［石膏板造型 + 木质装饰梁］

顶面［藤编墙纸 + 木质装饰梁］

顶面［木饰面板抽缝 + 木质装饰梁］

顶面［墙纸 + 木线条造型］

顶面［木线条打方框压墙纸］

避免卧室吊顶起翘变形的设计要点

吊顶施工时，很多家庭会选择将板与墙面紧密靠在一起，误认为相接的缝隙越小越好，其实不然。板材受天气影响，容易发生热胀冷缩的变化，如果板与板或板与墙之间的距离不够大，板材膨胀时就容易互相碰在一起，造成吊顶表面起翘变形。另外，接缝间距太小，防裂缝剂也就难以填补到缝隙中，根本起不到相应的密封作用。所以在安装吊顶时，应在板与板或板与墙之间预留 0.5~0.8cm 的缝隙，这样不但可防止板材之间相互挤压，也有足够空间填封防开裂胶水。

顶面［石膏板造型嵌黑镜］

顶面［木花格 + 木线条装饰框］

顶面［石膏板造型 + 不锈钢线条装饰框］

顶面［墙纸 + 木质装饰梁］

顶面［藤编墙纸 + 实木线制作角花］

顶面［实木线制作角花 + 木线条走边］

顶面［密度板雕刻回纹造型刷白］

顶面［石膏板造型 + 杉木板吊顶套色］

顶面［石膏板造型嵌金属线条］

顶面［石膏板造型暗藏灯带 + 银箔］

顶面［藤编墙纸 + 木线条走边］

顶面［石膏板造型 + 石膏浮雕］

卧室吊顶的隔声处理

玻璃隔声棉具有环保、保温隔热、吸声降噪以及安全防护等功能，可用于卧室吊顶的轻钢龙骨加石膏板中。布艺吸声板也是做隔声效果不错的材料，但目前市场上的种类比较混杂，在选择时一定要谨慎。不仅要具备隔声的效果，而且要有阻燃防火的功能。上述这两种隔声材料的施工过程比较简单，隔声效果也还不错。此外，高密多泡沫板也是一种实惠又有效的隔声材料，虽然施工稍微麻烦点，不过却具有良好的防火性能，而且在价位上也相对实惠。

顶面［石膏板造型＋墙纸］ 　　　　　　　　　　　　顶面［石膏板造型＋木线条造型刷白］

顶面［石膏板造型＋银箔］ 　　　　　　　　　　　　顶面［木线条造型刷银箔漆］

顶面［石膏线条造型］ 　　　顶面［石膏线条装饰框］ 　　顶面［石膏浮雕］

顶面［木质装饰梁］

顶面［木质造型吊顶 + 墙纸］

顶面［石膏板造型勾黑缝］

顶面［石膏板造型 + 木线条造型］

卧室床幔的设计形式

床幔既漂亮又浪漫，但倘若搭配得不好，也会适得其反。现在很多家庭中卧室都不是很大，床幔会在视觉上占用一定空间，使得卧室更小，所以在面料和花色的选择上，最好要与卧室中窗帘、床品或者其他家具的色调保持统一。

垂帘式床幔类似于单层对开式窗帘，将床幔直接吊挂在床柱结构的横杆或墙壁上，以打结或吊挂的方式悬挂，这种方式常见于许多欧式风格的卧室中。双层式床幔通过立柱悬挂或加篷顶的方式，将床头与横梁共同组合起来组成床幔，成为儿童房的最佳选择。但要注意双层式床幔通常适合层高较高的房间。简约式床幔通常是一块布从床头搭到床尾，没有花边和滚边的修饰。一般床都会设置床柱与横梁，在横梁上搭上一段半透明的丝绸或者质地轻薄的布料，就可以形成最简单的床幔。

顶面［木地板贴顶］

顶面［石膏板造型 + 木饰面板装饰凹凸造型］

顶面［杉木板吊顶套色］

顶面［石膏板造型 + 银箔］

顶面［墙纸 + 石膏板造型 + 灯带］

顶面［木线条走边］

顶面［墙纸 + 木质造型吊顶］

顶面 [杉木板吊顶刷白]

顶面 [石膏板造型+灯带]

顶面 [墙纸+石膏板造型]

顶面 [木线条装饰框刷金箔漆]

顶面 [石膏板造型+金箔漆]

顶面 [石膏板叠级造型+木线条走边]

卧室顶面铺贴墙纸的注意事项

墙纸色彩丰富，还配有不同的质感和图案，铺贴在卧室顶具有很强的装饰效果，但是如果顶面做光带，而且墙纸在光槽口的外口，建议墙纸不要贴在光槽口的反光挡板上。因为墙纸离灯管很近的话，灯管散发的热量会对墙纸胶产生影响，容易使墙纸发生翘起的现象。另外，墙纸在铺贴的时候一定要注意最好是收阴角而不要收阳角。

书房吊顶

书房在很多家庭中不仅是一个工作和学习的地方,还是一个会见重要客人的地方,所以书房装修在每一处细节上都要处理得当,而吊顶则是书房装修中需要重点处理的地方,书房应注重环境安静,因此在选择吊顶材料时不仅要考虑基本的结实耐用,还要考虑隔声和防噪的效果。

顶面 [石膏板雕刻书法 + 银箔]

顶面 [木线条打方框压墙纸 + 不锈钢线条走边]

顶面 [木质造型吊顶]

顶面 [樱桃木饰面板 + 木线条造型]

顶面 [银箔 + 金箔 + 石膏线条装饰框]

顶面 [杉木板吊顶刷白 + 木质装饰梁刷白]

简欧风格书房的吊顶设计

以前欧式装修主要运用在排屋、别墅等户型，而现在也有不少公寓的业主喜欢欧式风格。目前不少公寓的层高在2.7m左右，而欧式风格往往采用吊灯，所以如果采用复杂的吊顶可能会影响层高。目前也有不少业主喜欢简欧风格的装修，并不喜欢使用复杂的吊顶，有些甚至由于层高的限制并没有采用吊顶，而只是用顶角线来装饰一下顶部四周，这种情况的话，选择木线条或者石膏线则主要根据业主自己的喜好以及预算而定了。

顶面［石膏板造型暗藏灯带 + 木质装饰梁］

顶面［木线条打方框］

顶面［石膏板造型 + 墙纸 + 木线条收口］

顶面［木花格 + 木质造型吊顶］

顶面［石膏板造型 + 石膏浮雕］

顶面［石膏板造型］

顶面［金箔 + 木质吊顶］

顶面［墙纸 + 木质装饰梁］

内开窗安装窗帘对吊顶设计的影响

目前很多高层公寓房的窗户都设计成内开窗，开发商考虑得更多是安全性和节能性。对于这类内开窗，可以加装限位器，限位角度30°，可以有效防止内开窗内开角度过大小孩碰头的问题。因而在设计窗帘盒时就要考虑完成后的窗帘盒的厚度对开窗是否有影响。如果选用用幔帘，那么在做吊顶的时候需要沿窗帘轨道边多加一层木工板，这样装窗帘轨道的时候方便轨道的固定，如果直接在原顶上安装，会导致水泥层脱壳，造成安全隐患。

休闲区吊顶

休闲区顾名思义是家庭中供人休息娱乐的场所，通常出现在户型较大的住宅中，在装修时吊顶的设计也是一大重点。通常欧式风格休闲区采用石膏雕花贴面的装饰，表现华丽的氛围；而乡村风格休闲区则经常选择原木吊顶，表现质朴自然的空间气息。

顶面［藤编墙纸＋木质装饰梁］

顶面［木质装饰梁＋梁托］

顶面［波浪板＋金箔］

顶面［石膏板造型暗藏灯带］

顶面［木质装饰梁刷白＋密度板雕花刷白］

顶面［石膏板装饰梁］

杉木板吊顶的设计重点

杉木板是一种高温脱脂、再经过各项工艺处理的吊顶材料，因此，它具有不被虫蛀、不变形的特点，并且还会散发杉木所具有的清香。杉木板的厚实，给人一种温暖的感觉。采用杉木板做吊顶不仅具有很好的环保性，而且装饰效果非常强，特别适合于打造田园风格的装饰。在选购杉木板时要注意观察它的厚度和纹理，纹理一定要清晰，而且木板不能有翘曲，在颜色上不能选购暗泽无光的，好的杉木板材使用指甲也划不出明显的痕迹来。

顶面［杉木板吊顶套色＋灯带］

顶面［木花格刷金漆＋金属线条走边］

顶面［石膏板装饰梁＋墙纸］

顶面［石膏板造型刷彩色乳胶漆＋墙纸］

顶面［石膏装饰梁＋黑镜］

顶面［石膏板造型＋黑胡桃木饰面板］

顶面［石膏浮雕＋石膏板装饰梁］

顶面［石膏板造型＋金箔］

顶面［木线条造型刷金箔漆］

顶面［石膏板装饰梁＋金箔］

顶面［杉木板吊顶］

影音室吊顶的设计重点

采用对墙面做粗糙处理、安装窗帘、铺上地毯等吸音和隔音的处理手法简易实惠，但效果也是差强人意的，而且这只是针对一些不放置家庭影院的房间而言。如果是影音室，就需要做一些专业隔音吸音材料进行声学处理才能保证房间隔音。一般用于影音室顶面和墙面的吸音材料主要有木质槽条吸音板和吸音软包。此外，如果影音室的吊顶部分有悬挂音响设备，就需要在吊杆与楼板的连接处加装减震器，防止音响低频振动声音通过吊杆往楼上传播。

顶面［墙纸＋木线条造型＋木线条走边］

顶面［石膏板装饰梁＋星光图案墙纸＋木线条走边］

顶面［石膏浮雕刷金漆］

顶面［石膏浮雕刷金箔漆＋金箔］

顶面［陶瓷马赛克 + 实木吊顶雕花］

顶面［杉木板吊顶］

顶面［布艺软包 + 木网格刷白］

顶面［木质装饰梁］

顶面［木线条走边］

影音室的星空顶面设计

有些家庭中的休闲区具有影音功能，因此在水电施工时就要预留好设备线路，比如投影机的电源线、网络线等，如果是环绕音响的话也要在安装音响的位置预留线路。另外，安装投影的空间尽量不要用吊灯。有些影音室顶面的星空很有特色，其实做法很简单，只要顶面整体吊平顶，在吊顶内部安装光源控制器和光纤，在吊顶上打小洞，将光纤穿过来，最终完成后贴顶剪短，通电后就是星空顶面了。

顶面［石膏板造型 + 木线条走边］

餐厅吊顶

良好的就餐环境能使人身心愉悦因而餐厅吊顶在整个居室装修中就显得尤为重要。如果楼层比较高，空间比较宽阔的话，那么餐厅的吊顶可以多点创意，采用多形状的吊顶结合；如果餐厅的顶部正好有横梁，先不要急着打掉，可以把它融合到吊顶造型里面去。

顶面［石膏板造型］

顶面［杉木板吊顶刷白］

顶面［杉木板吊顶刷白＋装饰假梁］

顶面［樱桃木饰面板］

顶面［杉木板吊顶套色］

客厅与餐厅一体式吊顶的设计重点

很多小户型公寓房的户型结构，大都是餐厅与客厅处在同一个空间的设计，因此在进行吊顶设计的时候，考虑到整体效果，通常会采取餐厅与客厅一体吊顶形式，这样可以使整个餐厅和客厅空间成为一个有机的统一整体，增加室内的视觉空间感，同时还更加方便施工，节省装修费用。但要注意的是，这类吊顶在造型上不宜太过复杂，否则会显得过于压抑，影响整个装修的效果，颜色选择上最好和墙面颜色保持一致。

顶面［木网格喷金漆＋金属线条］

顶面［石膏板造型＋木网格刷白］

顶面［石膏浮雕＋石膏雕花线］

顶面［石膏浮雕］

顶面［石膏浮雕］

顶面［石膏浮雕喷金漆＋石膏线条描金］

顶面 [木线条造型刷白 + 石膏板造型勾黑缝]

顶面 [杉木板吊顶套色]

顶面 [木线条造型刷白]

顶面 [石膏板造型 + 石膏板装饰梁]

顶面 [石膏浮雕喷金漆]

顶面 [木线条打网格刷白 + 金箔]

餐厅圆形吊顶的设计重点

如果餐厅选择圆桌，顶面造型最好做成圆形的石膏板吊顶，这样做能够使空间的整体感更加强烈。圆形吊顶一般适合不规则形状或者是梁比较多的餐厅，这样能够很好地弥补餐厅不规整的缺陷。

但圆顶吊顶在制作过程中，不仅只是在石膏板上开个圆形的孔洞那么简单。除了石膏板常用的辅材以外，还需要想办法加固圆形，不然时间久了，吊顶会容易变形。一般会选择用木工板裁条框出圆形，用木工板做基层，再贴石膏板，这样做成的圆形会比较持久。施工时建议将圆弧吊顶在地面上先做好框架，然后安装在顶面，再进行后期的石膏板贴面，以简化施工难度。

顶面［石膏板造型 + 回纹木雕］

顶面［石膏板造型 + 木线条走边］

顶面［墙纸 + 石膏浮雕刷金漆 + 金箔 + 木质装饰梁］

顶面［中式木花格贴透光云石］

顶面［墙纸 + 木质装饰梁］

顶面［石膏板造型 + 金箔 + 木线条装饰框］

顶面［石膏板造型 + 银箔］

顶面［钢化玻璃顶棚］

顶面［藤编墙纸 + 木质装饰梁］

顶面［木花格贴银镜 + 木质装饰梁］

餐厅镜面吊顶拉升视觉层高

利用镜面制作吊顶显得时尚又通透，由于自身材质的特点，经过暗藏灯光的照射，就显得顶部特别轻盈，会让人感觉在层高上增加了许多。但这类吊顶在设计时最好选用茶色的镜面，这样灯光反射得不会很强烈，不仅优雅，而且显得很通透。在施工时应注意一般镜子背面要使用木工板或者多层板打底，最好不要使用石膏板打底。镜子安装一般都是用玻璃胶粘贴或者是使用广告钉固定的，石膏板能够承载的重量不如木工板牢靠，可能会存在安全隐患。

顶面 [木质装饰梁]  顶面 [石膏板造型 + 质感漆]

顶面 [木质装饰梁]  顶面 [石膏板造型 + 木线条走边]

顶面 [石膏板造型 + 木线条造型刷白]  顶面 [木质造型吊顶刷黑漆]  顶面 [银箔 + 木线条走边]

顶面［墙纸+黑胡桃木饰面板装饰凹凸造型］

顶面［石膏板造型刷银箔漆］

顶面［墙纸+不锈钢线条包边］

顶面［木质造型吊顶］

降低餐厅吊顶开裂概率的处理要点

首先，选用轻钢龙骨时应严格根据设计要求和国家标准，选用木材做龙骨时注意含水率不超标，龙骨的规格型号应严格筛选，不宜过小。其次，除了应选用大厂家生产的质量较好的石膏板之外，使用较厚的板材也是预防接缝开裂的一个有效手段。市面上的纸面石膏板一般有厚度为9mm和12mm两个品种，9mm厚度的纸面石膏板比较薄、强度不高，在多雨的潮湿条件下容易发生变形，建议最好选用厚度在12mm以上的石膏板。

顶面 [藤编墙纸 + 杉木板吊顶套色]

顶面 [金箔 + 木质装饰造型]

顶面 [石膏板造型 + 木线条走边]

顶面 [石膏板造型嵌黑镜]

顶面 [木质造型吊顶]

顶面 [石膏浮雕 + 石膏板造型]

顶面 [石膏浮雕刷金箔漆 + 木质造型刷白]

顶面［杉木板吊顶套色］

顶面［三角梁造型吊顶］

顶面［石膏板装饰梁］

顶面［实木雕花＋木线条走边］

顶面［石膏板造型＋木线条走边］

顶面［杉木板吊顶刷白］

餐厅吊顶与墙面连贯造型的设计重点

在一些简约风格的小面积餐厅中，设计时把顶面和背景墙做成连贯的造型，这样一方面可以凸显业主的个性，营造餐厅的时尚氛围，另一方面也可将本来相连的客厅从顶面和立面不加隔断地巧妙划分，且不阻碍视线。

造型上可以用颜色艳丽的彩色乳胶漆或者色彩图案很夸张的墙纸进行装饰，再配以一定的辅助光源，从而营造出一个颇具浪漫气息的空间。此类设计要注意事先确定好餐桌的宽度尺寸不能大于这个连贯造型，否则会显得十分突兀。

顶面［石膏浮雕＋石膏板造型］

顶面［木线条造型刷金＋银镜＋石膏线条描金］

顶面［石膏板造型拓缝＋金属线条装饰框］

顶面［石膏浮雕＋木花格刷白＋石膏雕花线］

顶面［石膏雕花＋石膏线条装饰框］

顶面［木饰面板拼花＋金箔］

顶面［石膏浮雕喷金箔漆＋石膏雕花］

顶面［木地板贴顶］ 　　　　　　　　　　　　　　　顶面［黑胡桃木饰面板］

顶面［石膏板造型＋银镜］ 　　顶面［石膏板雕花＋灯带］ 　　顶面［石膏板造型＋枫木饰面板］

采光不佳的餐厅吊顶设计

如果餐厅区域分割不明显，可以在顶面用层板增加角度造型，并且局部采用镜面调节采光，使得空间看起来灵活不压抑。如果餐厅的层高正常，并且顶面比较平整的话，要想把空调的位置隐藏起来，可以在顶面的四周增加层板，这是小户型吊顶设计值得借鉴的方式。而且，层板内的间接照明也省去了吸顶灯的位置，凸显层次的同时解决了照明问题，一举两得。此外，简欧风格的餐厅可以考虑在顶面铺贴具有反光特性的墙纸，既加深视觉高度又不失气派。

顶面［石膏浮雕＋石膏板造型］

顶面［石膏板造型 + 木线条装饰框］

顶面［中式窗花 + 石膏板造型］

顶面［回纹线条雕刻 + 木线条走边］

顶面［银箔 + 木花格］

顶面［石膏板造型刷金箔漆 + 茶镜］

顶面［石膏浮雕 + 石膏雕花线描金］

顶面［石膏板造型 + 金箔］

顶面［密度板雕花刷白 + 灰镜装饰吊顶槽］

顶面［石膏板造型 + 银箔］

顶面［石膏浮雕刷金箔漆 + 石膏板造型］

顶面［石膏板造型 + 金箔］

顶面［石膏板造型 + 茶镜］

顶面［石膏板造型 + 木线条走边］

局部吊顶修饰横梁对房间高度的影响

很多横梁的修饰需要通过局部吊顶来实现，但很多业主对吊顶比较排斥，认为吊顶会增加装修费用，而且会造成房间高度变低，显得压抑。但实际上，只有依照横梁的高度整体吊平才会致使房间高度降低，而大部分修饰横梁的吊顶方案都采取的是局部吊顶方式，业主不用过于担心影响房高。专业设计师会利用吊顶使空间变得富有层次感，吊顶后，再通过灯光的配合，局部的低，有时反而会显现出整体的高来。

顶面［原木三角梁造型显纹刷白］

顶面［木质装饰梁］

顶面［木花格 + 木线条走边］

顶面［藤编墙纸 + 木线条打方框］

顶面 [石膏浮雕 + 木花格刷白]

顶面 [石膏浮雕 + 石膏雕花线]

顶面 [石膏浮雕刷金箔漆 + 石膏线条装饰框]

顶面 [石膏板造型 + 密度板雕花刷银漆]

顶面 [石膏板造型 + 金箔]

顶面 [石膏板造型 + 木线条造型刷金箔漆 + 金箔]

餐厅吊顶中嵌入线条的设计

木线条可以买成品免漆的，也可以买半成品的，后期刷上木器漆或者木蜡油擦色。当然木线条的价格要比石膏线条贵不少，如果预算有限，可以不选择价格昂贵的实木线条，而选择科技木。如果在吊顶设计时加入一根深色的线条，既能够增强视觉感受，又可以让整个空间更加具有连贯性。施工时一般建议采用嵌入的手法，也就是在做吊顶时把线条的位置预留好，待顶面油漆完成以后再把加工好的线条嵌进去。

顶面［石膏板造型 + 金箔 + 木线条走边］

顶面［石膏板装饰梁 + 石膏板造型拓缝］

顶面［石膏浮雕刷金漆 + 石膏板造型］

顶面［石膏浮雕刷金箔漆 + 金箔］

顶面 [艺术墙纸 + 木质装饰梁] 　　　　　　　　　　　　　　　　顶面 [圈形木质造型刷金漆]

顶面 [木线条造型] 　　　　顶面 [石膏板造型 + 银箔] 　　　　顶面 [木地板贴顶 + 木线条走边]

巧改餐厅顶部照明避免压抑感

　　一般来说，公寓住宅留出天花板的高度是280cm甚至更低，如果是小户型的话，空间会显得比较压抑。如果家中的吊顶设计不是那么强调用嵌灯的话，可以改用吸顶灯或半吸顶的吊灯，这样既可以缩小客厅空间的视觉焦点，又可以维持天花板的高度。如果是担心光源不够的话，可以在周边做一些间接照明的层板，除了做成直线条之外，也可以做成圆形、弧形等变化，中间的部分还能维持原先的高度，从而做到既能凸显层次感，又不会降低房间的高度。

顶面 [杉木板造型 + 木质装饰梁]

顶面［木质装饰梁刷白］

顶面［木质装饰造型 + 艺术墙纸］

顶面［石膏浮雕 + 石膏板造型］

顶面［石膏板艺术造型刷金箔漆］

顶面［石膏浮雕 + 石膏板造型］

顶面［墙纸＋木质装饰梁刷白］

顶面［石膏板造型＋中式窗花］

顶面［石膏板吊顶勾黑缝＋灯带］

顶面［杉木板吊顶套色］

石膏板吊顶抽缝的施工要点

　　石膏板抽缝就是把石膏板抽成一条条的凹槽，这样做可以增加空间的层次感。缝的大小可根据风格和空间的比例来定，抽完缝后还可以再刷上符合家居风格的乳胶漆颜色，既经济又环保。在施工时有两种方式：一种是原建筑楼板做底，一种是双层纸面石膏板做法。要注意的是一般公寓房的顶面石膏板留缝为8~10mm，刷完乳胶漆刚好是5~8mm，如果一开始留5mm，那么等批好腻子刷好乳胶漆以后，几乎就看不出来有缝隙了。

顶面 [石膏板造型拓缝 + 金箔 + 黑镜]

顶面 [石膏板造型 + 银箔]

顶面 [石膏板造型]

顶面 [石膏浮雕 + 石膏板造型]

顶面［石膏板造型嵌黑镜 + 石膏雕花线描银漆］

顶面［石膏浮雕刷金漆 + 石膏线条描金］

顶面［密度板雕花刷白 + 银箔］

顶面［水曲柳木饰面板］

顶面［石膏板装饰梁 + 黑镜］

顶面［木质装饰梁 + 墙纸］

顶面［石膏浮雕刷银箔漆］

顶面［回纹线条木雕＋木线条走边］

顶面［硅藻泥＋茶镜］

顶面［石膏板雕刻回纹图案＋木线条走边］

顶面［波浪板＋不锈钢线条收口］

顶面［石膏板造型嵌金属饰条］

顶面［墙纸 + 木线条走边］

顶面［石膏浮雕 + 木质装饰梁］

顶面［石膏板造型 + 石膏浮雕］

餐厅吊灯的设计重点

餐厅安装吊灯，要根据房间的层高、餐桌的高度、餐厅的大小来确定吊灯的悬挂高度，一般吊灯与餐桌之间的距离约为55~60cm，过高显得空间单调，过低又会造成压迫感，因此，只需保证吊灯在用餐者的视平线上即可。另外，为避免饭菜在灯光的投射下产生阴影，吊灯应安装在餐桌的正上方。

单盏大灯适合 2~4 人的餐桌，明暗区分相当明显，像是舞台聚光灯般的效果，自然而然地将视觉聚焦。如果比较重视照明光感，或是餐桌较大，不妨多加 1~2 盏吊灯，但灯饰的大小比例必须调整缩小。另外，具有设计感的吊灯，也会加强视觉上的丰富度。若餐厅想要安排三盏以上的灯饰，可以尝试将同一风格、不同造型的灯饰做组合，形成不规则的搭配，混搭出特别的视觉效果。

顶面［石膏板装饰梁 + 银金箔］

顶面［石膏板造型 + 金箔 + 茶镜］

顶面［石膏板造型］

顶面［木质装饰梁］

顶面［木质装饰梁］